Sitzungsberichte
der Akademie der Wissenschaften
der DDR
Mathematik – Naturwissenschaften – Technik

1N

1982

Hans-Joachim Bittrich

Aktivitäten in der chemischen Kinetik

AKADEMIE-VERLAG · BERLIN

THEORIA CUM PRAXI

Sitzungsberichte
der Akademie der Wissenschaften
der DDR
Mathematik – Naturwissenschaften – Technik

Jahrgang 1982 · Nr. 1/N

Hans-Joachim Bittrich

Aktivitäten in der chemischen Kinetik

AKADEMIE-VERLAG · BERLIN
1982

Vortrag in der Klasse Chemie am 18. 9. 1980
von Prof. Dr. Hans-Joachim Bittrich, Technische
Hochschule „Carl Schorlemmer" Leuna-Merseburg,
Sektion Chemie

Herausgegeben im Auftrage
des Präsidenten der Akademie
der Wissenschaften der DDR
von Vizepräsident Prof. Dr. Heinrich Scheel

ISSN 0138-3956
Erschienen im Akademie-Verlag, DDR-1086 Berlin, Leipziger Str. 3-4

Lizenznummer: 202 · 100/54/82
Gesamtherstellung: VEB Druckhaus Köthen
Bestellnummer: 763 081 9 (2010/82/1/N) · LSV 1235
Printed in GDR
DDR 4,50 M

Inhalt

1. Einige Probleme der Kinetik in fluiden Phasen 5

2. Einige formalkinetische und theoretische Grundlagen 8

   2.1. Reaktionslaufzahl und Reaktionsgeschwindigkeit
   2.2. Die Größeneinheit der Reaktionsgeschwindigkeitskonstanten
   2.3. Die GIBBS-Aktivierungsenergie

3. Beispiele für die Anwendung der Aktivität in der chemischen Kinetik 12

   3.1. Dimerisierung des Cyclopentadiens
   3.2. Die Aktivität bei monomolekularen Reaktionen
   3.3. Aktivitäten bei Parallelreaktionen
   3.4. Aktivitäten in gemischten Lösungsmitteln

4. Aktivitäten und Reaktionsablauf 31

5. Schlußbemerkungen 35

1. Einige Probleme der Kinetik in fluiden Phasen

Seit den ersten Untersuchungen von kinetischen Lösungsmitteleffekten durch MENSCHUTKIN [1] in den Jahren 1877 bis 1890 ist immer wieder versucht worden, den Einfluß verschiedener Solventia auf die Reaktionsgeschwindigkeitskonstante auch quantitativ zu erklären.

Wie so oft, hat es auch hierbei viele akzeptable Vorstellungen gegeben, deren Begrenztheit nach Anfangserfolgen immer wieder nachgewiesen wurde. Das liegt sehr stark daran, daß die Wirkungen der flüssigen Phase verschiedenartig sein können. Lösungsmittel können

- die Schwellenenergie durch unterschiedliche Solvatation des Grund- und des Übergangszustandes ändern,
- zu einer Variation der wirksamen Konzentration führen,
- den Teilchentransport beeinflussen,
- den Elektronen- bzw. Protonentransfer bei Redox- bzw. Säure-Basereaktionen oder
- den Mechanismus der Reaktion ändern.

Die Effekte können auch gleichzeitig vorliegen und in ihrer Größenordnung stark variieren. Der eigentliche Lösungsmitteleffekt [2] kann in besonderen Fällen normale katalytische Effekte weit übertreffen, wie in die Tab. 1 zusammengestellten Beispiele zeigen. Bei diesen Beispielen liegen wesentliche Unterschiede zum Verhalten in der Gasphase vor. Andererseits gibt es Fälle wie die Dimerisierung von Cyclopentadien, die in beiden Phasen nahezu gleich abläuft [3]. Lösungsmitteleffekte werden in erster Näherung nach der HUGHES INGOLD-Regel [4] (1935) behandelt. Mehr quantitative Beziehungen können bei neutralen oder dipolaren Reaktanten mit der Theorie der regulären Lösung, bei geladenen Reaktanten mit einer Variante des KIRKWOOD-Modells oder unter zusätzlicher Berücksichtigung der Ionenstärke gewonnen werden, ohne daß dabei Lösungsmitteleffekte vorausberechnet werden könnten.

Beim Auftreten von spezifischen Lösungsmitteleffekten versagen theoretische Ansätze. Bestenfalls gibt es Korrelationen zu Basizitätsgrößen. Die tiefe Ursache dafür, daß Lösungsmitteleffekte mehr aus der Erfahrung heraus beherrscht werden, liegt darin, daß es auch keine geschlossene Theorie des flüssigen Zustandes gibt. Offensichtlich wirken auf kinetische wie auf thermodyna-

Tabelle 1

Größe von Lösungsmittel (LM)-Effekten			
$k_{rel} = k_{LM}/k_{Ref.LM}$			
Reaktion	Referenz-LM	LM mit max. Effekt	k_{rel}
Bromierung von n-C_5en (1)	CCl_4	H_2O	$1{,}1 \cdot 10^{10}$
H/D Austausch u. Racemisierung von 2-Me-3-Phenylpropionitril	MeOH	DMSO	10^9 (extr.)
Finkelstein-R.: $Cl^- + RJ$	MeOH	DMAA	$7{,}4 \cdot 10^6$
	H_2O	Me_2CO	$1{,}5 \cdot 10^6$
Ionisierung von 4-MeO-Neophiltosylat	Et_2O	HCOOH	$5{,}1 \cdot 10^6$
Solvolyse von t-BuCl	EtOH	H_2O	$3{,}4 \cdot 10^5$
$N_3^- + BuBr$	MeOH	HMPT	$2 \cdot 10^5$
Thermolyse von α-Cl$-C_6H_5CH_2COOMe$	CCl_4	MeCN	$1{,}7 \cdot 10^5$

mische Größen in fluiden Phasen die gleichen Effekte; die zwischenmolekularen Wechselwirkungen. Wenn diese Aussage real ist, muß es Korrelationen zwischen thermodynamischen — d. h. unter Gleichgewichtsbedingungen gemessen — und kinetischen Größen geben. Dann muß bei kinetischen Studien in fluiden Phasen die Aktivität

$$a_i = p_i/p_{oi} \tag{1}$$

bzw.

$$a_i^\infty = c_i\gamma_i \tag{2}$$

eine Rolle spielen.

Anfang der zwanziger Jahre dieses Jahrhunderts gab es heftige Diskussionen zwischen Brönsted und Bjerrum über dieses Problem, in deren Verlauf Brönsted [5] 1922 als Korrektur des Mediumeffektes auf die Reaktionsgeschwindigkeitskonstante Aktivitätskoeffizienten eingeführt hat

$$k_r = k_0 \cdot \gamma_A\gamma_B/\gamma(\neq) \tag{3}$$

wobei er $\gamma(\ddagger)$ – damalige Bezeichnung f_X – zunächst auf den „kritischen Komplex“ (1922), dann als auf den „Übergangszustand“ (1926) bezogen bezeichnete, nicht aber auf einen Stoßkomplex AB. Bei den Aktivitäten lehnte er sich streng an die LEWISschen Definitionen an und bevorzugte wegen der praktischen Bedingungen die Normierung auf die unendlich verdünnte Lösung.

Lösungsmitteleffekte werden deshalb meist nicht als konzentrationsabhängig betrachtet, sondern auf unendlich verdünnte Lösungen, und kinetische Messungen werden auch nach Möglichkeit im verdünnten Zustand – bezogen auf das Verhältnis von Reaktanten zu Lösungsmittel – durchgeführt. In den sechziger Jahren entwickelte PARKER [6] das Konzept der Lösungsmittelaktivitätskoeffizienten definiert durch

$$\mu_i^{(s)} = \mu_i^{(o)} + RT \ln^{(o)} \gamma_i^{(s)} \tag{4}$$

μ_i chemisches Standardpotential des gelösten Stoffes i im (hypothetisch) idealen Zustand bezogen auf das HENRYsche Gesetz, unimolare Lösung

(o) Standardlösungsmittel

(s) betrachtetes Lösungsmittel

PARKER [6] hat solche Lösungsmittelaktivitätskoeffizienten für S_N2-Reaktionen zwischen Anionen und ungeladenen Molekülen in dipolar-aprotischen und einigen protischen Lösungsmitteln untersucht und berechnet. Als Bezugslösungsmittel wurde CH_3OH (MeOH) benutzt. Als Vergleich zu den aus kinetischen Messungen gewonnenen Lösungsmittel-Aktivitätskoeffizienten wurden die in Gl. (4) gegebenen Relationen

– durch Löslichkeitsmessungen der Komponente i (RX) in MeOH (Index 0) und einem zweiten Lösungsmittel S[1]

$$\ln^{(o)} \gamma_{RX}^{(s)} = \ln c_{RX,sat.}^{MeOH} - \ln c_{MX,sat.}^{s} \tag{2}$$

(c_i: mol dm^{-3})

– durch Bestimmung von HENRY-Konstanten

$$K_H = p_i/c_i \text{ (mmHg} \cdot \text{dm}^3\text{mol}^{-1}) \tag{3}$$

$$\ln^{(o)} \gamma_{RX}^{(s)} = \ln K_{H,RX}^{MeOH} - \ln K_{H,RX}^{s} \tag{4}$$

– durch Messung der Verteilungskoeffizienten mit einer dritten nahezu unmischbaren Komponente (Decalin, Cyclohexan)

bestimmt. Das Verfahren kann auf andere Reaktionstypen ausgedehnt werden.

Bei der Betrachtung von Reaktionen zwischen neutralen Molekülen ist es zweckmäßig, die physikalisch nicht plausible Normierung auf eine Konzentration 1 mol dm^{-3} und Verhalten wie im ideal verdünnten Zustand aufzugeben, und entweder die Abweichungen vom RAOULTschen oder wenigstens

[1] Die Originalangaben sind in dekadischen Logarithmen formuliert. Hier werden analog dem realen physikalischen Zusammenhang nur natürliche Logarithmen benutzt.

vom HENRYschen Gesetz als Basis zu benutzen. Die von PARKER zitierten Methoden zur Bestimmung von Lösungsmittelaktivitätskoeffizienten müssen die realen zwischenmolekularen Wechselwirkungen berücksichtigen. Darauf beruhen auch einige in [6] behandelten Einschränkungen. Eine große Zahl von Reaktionen in Lösungen ist bei sehr niedrigen Reaktantenkonzentrationen untersucht worden. Andere Bedingungen liegen aber in konzentrierten Lösungen vor. Besonders kommen hierbei drei Fälle in Betracht:

a) Reaktionen in lösungsmittelfreien Systemen;
hier ist es sinnvoll, auf die direkt mit zwischenmolekularen Wechselwirkungen verbundenen Aktivitäten mit der Normierung

$$(a_i = 1, \text{ wenn } x_i = 1) \text{ zu beziehen, d.h. } a_i = x_i f_i. \tag{5}$$

b) Reaktionen wie Dimerisierung oder Dissoziation von Nichtelektrolyten, die von einem Reaktanten mit hohen Konzentrationen ausgehen (Cyclopentadiendimerisierung als Beispiel; dann gilt das gleiche wie bei a);

c) Reaktionen in gemischten Lösungsmitteln;
in diesem Fall liegen zwar die Reaktanten in niedrigen Konzentrationen vor, aber die Wechselwirkungen im Lösungsmittelgemisch werden zweckmäßig auf die Abweichungen vom RAOULTschen Gesetz (d. h. $f_i \to 1$, wenn $x_i \to 1$) normiert.

Ziel der folgenden Abhandlungen ist es, die eingangs ausgesprochene These der Verknüpfung kinetischer und thermodynamischer Größen über die die zwischenmolekularen Wechselwirkungen widerspiegelnden Aktivitätskoeffizienten zu zeigen.

2. Einige formalkinetische und theoretische Grundlagen

Jedem Chemiker ist die Verwendung der Volumenkonzentration bei kinetischen Berechnungen oder Überlegungen geläufig. Für Gasphasenreaktionen ist das auch selbstverständlich, da in den meisten Fällen ein genügend verdünnter Zustand vorliegt. Der Einfluß des Realgasverhaltens auf chemische Reaktionen ist kaum bewußt untersucht worden, obwohl die Geschwindigkeit aller technisch interessanten Mittel- und Hochdruckreaktionen dadurch beeinflußt wird. Abb. 1 zeigt Ergebnisse der Ammoniakoxydation im Bereich der kritischen Temperatur des Ammoniaks ($T_{kr} = 405$ K) [7]. Die deutliche Änderung des Sauerstoffumsatzes U_{O_2} unter sonst gleichen Bedingungen zeigt, daß im kritischen Gebiet andere wirksame Konzentrationen vorliegen müssen. Einflüsse der Energieverteilung (Aktivierungsenergie) oder der Dichteverteilung müßten bei Temperaturen oberhalb der kritischen Temperatur kontinuierlich weiter wirken. Das ist aber nicht der Fall.

In der flüssigen Phase ist die Normierung auf die Volumenkonzentration analog der oben genannten Fälle nicht selbstverständlich.

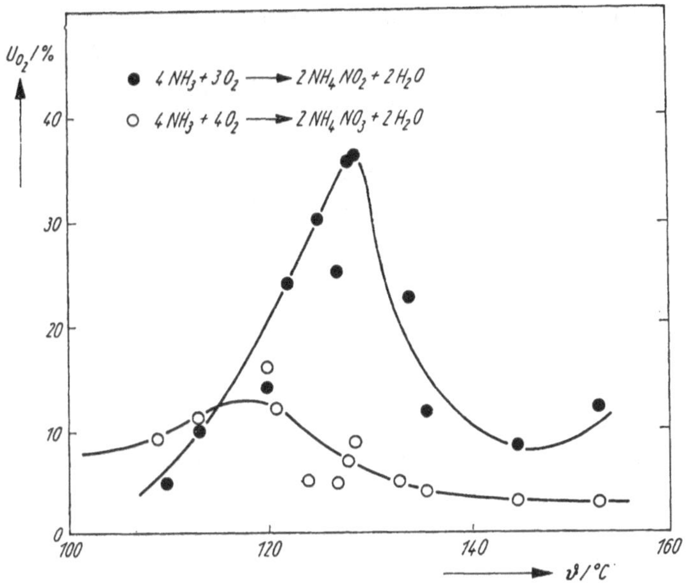

Abb. 1. Ammoniakoxydation im Bereich der kritischen Temperatur ((Toriumi [6])

● $4NH_3 + 3O_2 \rightarrow 2HN_4NO_2 + 2H_2O$

○ $4NH_3 + 4O_2 \rightarrow 2NH_4NO_3 + 2H_2O$

$U_{O_2} = c_{O_2}(t = 0) - c_{O_2}(t)$

2.1. Reaktionslaufzahl und Reaktionsgeschwindigkeit

Die Änderung der Gibbs-Energie oder der Freien Enthalpie eines Systems mit der Zeit kann in zwei Schritten betrachtet werden:

$$(\partial G/\partial t)_{T,p} = (\partial G/\partial \xi)_{T,p} (\partial \xi/\partial t)_{T,p} \tag{6}$$

Die Reaktionslaufzahl ξ (Maß für die Menge der Formelumsätze) ist in Verbindung mit dem stöchiometrischen Koeffizienten ν_i definiert:

$$\nu_i \equiv (\partial n_i/\partial \xi)_{T,p} \tag{7}$$

Durch Integration in den Grenzen ($\xi = 0$, $n_i = n_{i(o)}$) und (ξ, n_i) erhält man die Basis der Bilanzgleichungen

$$n_i = n_{i(o)} + \nu_i \xi \tag{8}$$

Die resultierenden Funktionen der rechten Seite von Gl. (6) sind:

$(\partial G/\partial \xi)_{T,p} = \Delta^{R}G$, die Freie Reaktionsenthalpie, $(\partial \xi/\partial t)_{T,p} \equiv \dot{\xi} = \frac{1}{\nu_i}(dn_i/dt)$, die Reaktionsgeschwindigkeit[2].

Damit bedeutet Gl. (6), daß die zeitliche Änderung der Freien Enthalpie (oder einer analogen Funktion) eines Systems in einen thermodynamischen und einen kinetischen Anteil separiert werden kann. Das kann aber nicht bedeuten, daß zwischenmolekulare Wechselwirkungen sich ausschließlich im Gleichgewichtsteil von Gl. (6) widerspiegeln.

2.2. *Die Größeneinheit der Reaktionsgeschwindigkeitskonstanten*

Das sogenannte „Zeitgesetz", der Einfluß der Reaktanten- (und Katalysator/Inhibitor-) Konzentrationen auf die Reaktionsgeschwindigkeit, kann als

$$r = \dot{\mathfrak{x}} = (\nu_i^{-1}\dot{c}_i) = k_r\, c_i^{\alpha} c_j^{\beta} c_k^{\gamma} \cdots (\alpha + \beta + \gamma + \cdots = n) \tag{9}$$

wobei

$$\mathfrak{x}_i = V^{-1}\xi = (c_i - c_{i(o)})\nu_i^{-1} \tag{10}$$

die Umsatzvariable,

$$c_i = n_i/V = x_i/V^M \tag{11}$$

die Volumenkonzentration sind, geschrieben werden.

Damit hat die Reaktionsgeschwindigkeitskonstante k_r die Größeneinheit $(\mathrm{dm^3 mol^{-1}})^{n-1}\,\mathrm{s^{-1}}$.

Dieses allgemein übliche Verfahren ist aber nicht frei von Problemen:

a) Die Normierung auf das Volumen des Systems ist nicht zwingend. Sie ist zweifelsohne dann physikalisch akzeptabel, wenn ungehinderte und ungestörte Verteilungsfunktionen der reagierenden Teilchen vorliegen, was sicher in der Gasphase — aber außerhalb der Fluktuationen im kritischen Gebiet — und in einer genügend verdünnten Lösung der Fall ist. Normierungen auf die gesamte Stoffmenge (Molenbruch), auf Grenzflächen (Grenzflächenkonzentration), auf Masse eingesetzten Katalysators u.a. sind möglich.

b) In fluiden und konzentrierten Phasen kann nicht mehr die Volumenkonzentration als kolligative Größe in die Geschwindigkeitsgleichung eingehen.

c) Die Reaktionsgeschwindigkeitskonstanteu sind für die verschiedenen Reaktionsordnungen unterschiedliche – und nicht vergleichbare – Größen. Das sollte im Sinn der Theorie der absoluten Reaktionsgeschwindigkeit nicht der Fall sein.

---

[2] Seitens der IUPAC (Division on Physical Chemistry) ist diese Definition so festgelegt [8]. Es gibt allerdings darüber Diskussionen, weil eine nicht-bezogene Reaktionsgeschwindigkeit nicht mehr vergleichbar ist. Der IUPAC geht es primär um die Unterscheidung der verschiedenen Zeitfunktionen $\dot{\xi}$, $\dot{n}_i$, $\dot{c}_i$, $\dot{\mathfrak{x}}$ usw.

Die Theorie des Übergangszustandes führt für die Reaktionsgeschwindigkeitskonstante zu

$$k_r = (k_B T/h)\,(q^{\ddagger}/\Pi q_i)\,\exp\,(-E_0^{\ddagger}/RT) \tag{12a}$$

$$= (k_B T/h)\,K^{\ddagger} \tag{12b}$$

(q_i = Zustandssummen; $E_0^{\ddagger}$ = Schwellenenergie)

Der erste Faktor in Gl. (12a) hat die Dimension einer reziproken Zeit, die anderen Faktoren bzw. die Aktivierungskonstante $K^{\ddagger}$ müßten also die Einheit der Konzentration liefern, die auch in k_r vorliegt. Die Zustandssummen sind normalerweise Zahlen, demzufolge sollten $K^{\ddagger}$ und k_r dimensionslos sein. Das wird oft nicht beachtet. Als Auswege aus dieser Situation sind möglich:

a) Man rechnet den Faktor der Zustandssummen auf die gewünschte Einheit um. Das muß dann auch mit $K^{\ddagger}$ erfolgen [$K^{\ddagger}(V^M)^{n-1}$, n = Reaktionsordnung].

b) Bei Nichtgleichgewichtszustandsänderung wird mit

$$\nu_1 A_1 + \nu_2 A_2 + \ldots \rightarrow \ddagger$$

$$\Delta G^{\ddagger} = -RT \ln K^{\ddagger} + RT \ln \frac{[\ddagger]}{\pi\,[A_i]^{\nu_i}} \tag{13}$$

und

$$[\ddagger]/\pi[A_i]^{\nu_i} = \lambda \tag{14}$$

$$\Delta G^{\ddagger} = -RT \ln K^{\ddagger} + RT \ln \lambda$$

$$= -RT \ln\,(K^{\ddagger}/\lambda) \tag{15}$$

$\Delta G^{\ddagger}$ hängt vom Verhältnis $K^{\ddagger}/\lambda$ ab, beide müssen in gleichen Einheiten angegeben werden, aber $\Delta G^{\ddagger}$ ändert seinen Wert durch die Wahl der Konzentrationseinheiten nicht. Wenn jede Konzentration $[A_i]$ bzw. $[\ddagger]$ als Standardzustand gewählt wird, wird $\lambda = 1$ und

$$\Delta G_0^{\ddagger} = -RT \ln K^{\ddagger} \tag{16}$$

Allerdings hängen dann die Werte von $\Delta G_0^{\ddagger}$, $\Delta H_0^{\ddagger}$ und $\Delta S_0^{\ddagger}$ von der Wahl der Standardzustände ab [9].

c) In [10] wird vom Subcommitee „Chemical Kinetics" in Analogie zur IUPAC Commission on Thermodynamics empfohlen, die reale Geschwindigkeitskonstante durch Multiplikation mit $(1\ \text{mol dm}^{-3})^{n-1}$ (n = Reaktionsordnung) auf die Einheit s^{-1} zu bringen. Diese Empfehlung ist schwer verständlich, weil damit im Grunde genommen die oben genannten Probleme nicht gelöst werden. So wird z. B. in [11] und in anderen Arbeiten über die Druckabhängigkeit von Reaktionsgeschwindigkeitskonstanten darauf hingewiesen, daß diese in druckunabhängigen Einheiten angegeben werden müssen.

d) Man rechnet die mit $(\mathrm{dm}^3/\mathrm{mol})^{n-1}$ behafteten Geschwindigkeitskonstanten durch Division durch $(V^M)^{n-1}$ in die Einheit s^{-1} um, oder man korrigiert $K^{\ddagger}$ in der umgekehrten Weise. Der Effekt auf die Aktivierungsentropie

$$\Delta S^{\ddagger} = R\left[\ln \frac{k_r h}{k_B T} - \ln (V^M)^{n-1} - \frac{\Delta H^{\ddagger}}{RT}\right] \tag{17}$$

beträgt bei bimolekularen Reaktionen in Wasser etwa $-33\ \mathrm{J\ mol^{-1}}\ K^{-1}$, in organischen Lösungsmitteln etwa $-20\ \mathrm{J\ mol^{-1}}\ K^{-1}$

e) Man wertet die experimentellen Resultate nicht über $(c_i/\mathrm{mol\ dm^{-3}})$, sondern über den Molenbruch x_i aus. Damit zusammenhängende Fragen werden in 3.1. behandelt.

2.3. *Die* GIBBS-*Aktivierungsenergie*

Die BRÖNSTEDsche Gleichung, Gl. (3), kann mit der GIBBS-Aktivierungsenergie [10] oder, wie bisher üblich, der Freien Aktivierungsenthalpie

$$k = \frac{k_B T}{h} e^{-\Delta G^{\ddagger}/RT} = \frac{k_B T}{h} e^{-(\Delta G_0^{\ddagger}/RT)} e^{\ln\gamma_A + \ln\gamma_B - \ln\gamma(\ddagger)} \tag{18}$$

geschrieben werden. Für den Exponenten erhält man

$$\Delta G^{\ddagger} - \Delta G_0^{\ddagger} = -RT\,(\ln \gamma_A + \ln \gamma_B - \ln \gamma\,(\ddagger)) \tag{19}$$

Gl. (19) kann auf zwei Wegen erfüllt werden:
a) $\gamma_i = \gamma_i^{\infty}$, d. h. der Grenzwert bei unendlicher Verdünnung,
b) $\gamma_i = \gamma_i(x_i)''$ der Wert beim jeweiligen Molenbruch
Bei Normierung auf $a_i = x_i = 1$ ist statt „γ_i“ „f_i“ zu verwenden.

3. Beispiele für die Anwendung der Aktivität in der chemischen Kinetik

3.1. *Dimerisierung des Cyclopentadiens*

Zunächst soll diskutiert werden, wie bereits die Auswertung die in Abschnitt 2 behandelten Probleme beeinflußt. Wegen der Beziehungen:

$$c_i = \frac{n_i}{V} = \frac{x_i}{V^M} \tag{20}$$

und

$$x_i = n_i \frac{V^M}{V} = c_i V^M \tag{21}$$

können sich unterschiedliche Konzentrationseinheiten bzw. -angaben nur dann bei der Auswertung kinetischer Messungen bemerkbar machen, wenn sich V^M, das mittlere molare Volumen, während des Meßvorganges deutlich ändert. Im Wasser (55,6 mol/dm³) als Lösungsmittel spielen diese Änderungen[3] kaum eine Rolle. In organischen Lösungsmitteln (10 mol/dm³) sind sie zu überprüfen. Von KORN [12] wurde die Dimerisierung des Cyclopentadiens (CPD) bei 50 °C und einem Anfangsverhältnis $n_{0,CPD} : n_{0,C_6H_6} = 1{,}08:1$ (Gesamtkonzentration 11,74 mol dm⁻³) gemessen. Die Auswertung dieser Daten wurde in drei Richtungen vorgenommen:

a) Aus der Formalkinetik folgt für diese Geschwindigkeitsgleichung in integrierter Form

$$\frac{1}{c} - \frac{1}{c_0} = kt \qquad (22)$$

oder in dimensionsloser Schreibweise mit

$$c_{red} = c_i / c_{i(c)}$$

$$\frac{1}{c_{\text{red}}} - 1 = k't = \tau = c_0 k_{(c)}(t) \qquad (23)$$

Für jeden experimentellen Punkt wurden Volumen, mittleres molares Volumen und Konzentration und durch Ausgleichsrechnung k' und daraus k(c) ermittelt.

b) Die Molenbrüche wurden berechnet und aus

$$\frac{1}{x} - 1 = k''t = k_{(x)}\, t/V^M \qquad (24)$$

k'' und daraus $k_{(x)}$ ermittelt.

c) Aus Dampf-Flüssigkeitsgleichgewichtsmessungen des Systems Cyclopentadien-Benzen zwischen 5 °C und 20 °C [13] wurde durch Extrapolation die Konzentrationsfunktion des Aktivitätskoeffizienten bei 50 °C nach

$$\ln f_{CPD} = (1 - x)^2\,[0{,}30134 - 0{,}92\,x + 1{,}08\,x^2] \qquad (25)$$

gewonnen, damit die Aktivitäten des CPD und aus

$$\frac{1}{a} - 1 = k'''t = k\,(a)t/V^M \qquad (26)$$

k''', bzw. $k(a)$ berechnet. In Abb. 2 sind die Geraden dargestellt, in Tab. 2 die Ergebnisse zusammengestellt

r = Korrelationskoeffizient
FQS = Fehlerquadratsumme

[3] Trotzdem sind sie meßbar (siehe Drucksprungmethode).

$s_0\,(\mathrm{rel}) = s_0/W_\infty - W_0$
W_∞, W_0 = Werte bei Ende und Anfang der Messung
s_0 = Restvarianz, Gesamt-Standardabweichung
$s(b)$ = Standardabweichung der Konstanten

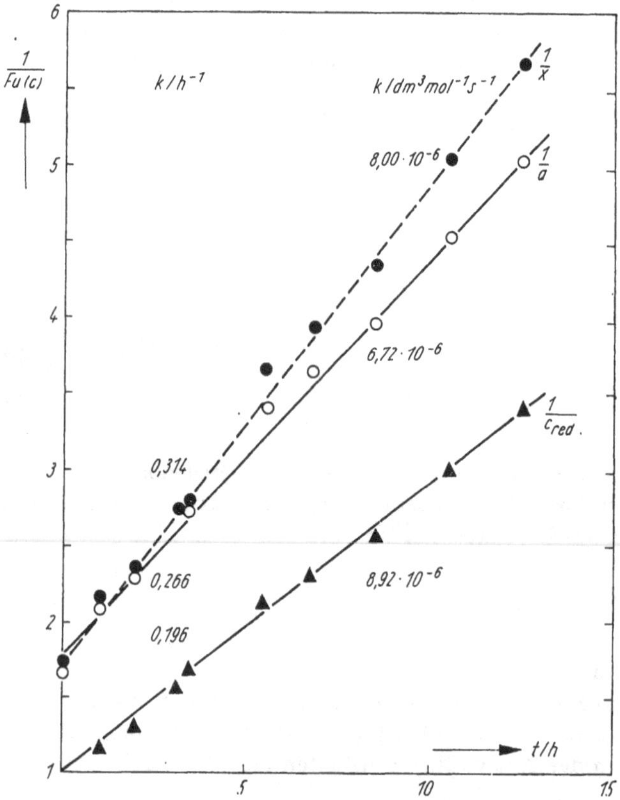

Abb. 2 Auswertung des Konzentrations-Zeit-Verlaufes der Dimerisierung von Cyclopentadien

● Molenbruch x_i

○ Aktivität $a_i = x_i f_i$

▲ Volumenkonzentration in reduzierter Form $c_i/c_{i(o)} = c_{i(red)}$

Die Differenz zwischen $k(c)$ und $k(a)$ beträgt bei Auswertung der identischen Ausgangsdaten 25%. Die Reaktionsgeschwindigkeitskonstante für die Gasphasenreaktion der Dimerisierung des CPD beträgt bei 50 °C $6{,}72 \cdot 10^{-6}$ dm³/mol s, d.h. sie ist mit $k(a)$ etwa identisch. Das kann bedeuten – leider gibt es keine anderen Reaktionen, bei denen Meßergebnisse im gleichen Umfang vorliegen[4] –, daß besonders bei Reaktionen zwischen Nichtelektrolyten der Lösungsmitteleinfluß gegenüber der Gasphase einfach durch die zwischenmolekularen Wechselwirkungen in der fluiden Phase wiedergegeben wird, und zwar als f_i.

Tabelle 2

	Fu (x^{-1})	Fu (c_{red}^{-1})	Fu (a^{-1})
k'/h^{-1}	0,313	0,296	0,266
$k/dm^3\,mol^{-1}\,s^{-1}$	$8{,}0 \cdot 10^{-6}$	$8{,}92 \cdot 10^{-6}$	$6{,}72 \cdot 10^{-6}$
r	0,9980	0,9978	0,9971
FQS/h^{-1}	0,620	0,266	0,649
s(o) (rel.)	2,206	2,402	2,651
s(b)/%	2,24	2,36	2,70
$k'/s^{-1} \times 10^5$	8,72	5,44	7,39
$\Delta G^{\ddagger}/kJ\,(mol\,FU)^{-1}$	104,47	105,74	104,92

Aus den Werten von Tab. 2 und aus Gl. (19) kann ein Aktivitätskoeffizient des Übergangszustandes berechnet werden, wenn man bedenkt, daß bei der Auswertung nach c) die Aktivitätskoeffizienten bereits in der Geschwindigkeitsgleichung berücksichtigt werden, d.h., dabei

$$\Delta G^{\ddagger}(a) = \Delta G^{\ddagger}_{(o)} + RT \ln f^{(\ddagger)} \tag{27}$$

erhalten wird. Für die Auswertung b) erhält man aus Gl. (19)

$$\Delta G^{\ddagger} = \Delta G^{\ddagger}_{(o)} - RT\,[2 \ln f_{CPD} - \ln f_{(\ddagger)}]\,. \tag{28}$$

Die Differenz der beiden Gibbs-Aktivierungsenergien beträgt etwa 450 J/mol. Sie ist der Definition gemäß konstant. Daraus entsteht die Frage, was eigentlich als Aktivitätskoeffizient des CPD zu betrachten ist, denn in Gl. (28) geht nur *ein* isothermer Wert für f_{CPD} ein, in Gl. (26) aber die zu jeder Konzentration gehörenden Aktivitätskoeffizienten. Gl. (28) erfordert demnach die Fixierung einer Zusammensetzung, z.B. die bei $t = 0$, die bei $t = \infty$ oder die bei $(t_\infty/2)$.

Der direkte Zusammenhang über Aktivitätskoeffizienten und zwischenmolekulare Wechselwirkungen erklärt auch, warum zwischen den Geschwindigkeitskonstanten der Cyclopentadiendimerisierung in 16 verschiedenen Lösungsmitteln und Parametern, die die Eigenschaften der reinen Lösungsmittel

[4] Eine Reaktion besitzt eine merkliche Geschwindigkeit, dagegen muß ein Phasengleichgewicht o. ä. bei konstantem Verhalten der Komponenten gemessen werden. Dann muß $\Delta H^{\ddagger}$ genügend groß sein, um beide Effekte in einem gut zugängigen Temperaturbereich messen zu können (siehe Abschnitt 4).

charakterisieren, kein korrelativer Zusammenhang zu finden ist [24]. Andererseits wurde neulich gezeigt [25], daß die Berechnung der Aktivitätskoeffizienten mit der Gruppenbeiträge zu ihrer Ermittlung benutzenden UNIFAC-Methode etwas besser dem Experiment entspricht als Berechnungen nach der Theorie der regulären Lösung.

3.2. Die Aktivität bei monomolekularen Reaktionen

Eine Möglichkeit, reaktionskinetische Messungen über den ganzen Molenbruchbereich durchzuführen, bietet die innere Rotation der Alkylgruppen von Carbonsäureamiden um den Stickstoff der Amidgruppe. Die freie Rotation wird durch die Moleküle und die Struktur des Lösungsmittels selbst behindert, die Behinderung wird bei der Mischung mit der Zweitkomponente teilweise aufgehoben. Die Messung, auf die hier nicht weiter eingegangen werden soll (Lit.: [16]), ist NMR-spektroskopisch möglich. Die Linienformanalyse erlaubt, die Geschwindigkeitskonstanten, die in der Größenordnung von 1–100 s^{-1} liegen, direkt zu berechnen. Abb. 3 zeigt als Beispiel Meßergebnisse am reinen Dimethylacetamid.

Mit dieser Methode wurden die Systeme

Dimethylformamid (DMFA)	– $C_6FD_5CD_3$
	– CCl_4 [14]
Dimethylacetamid (DMAA)	– C_6H_6
	– nC_7D_{16}
Diethylformamid	– nC_8D_{18}
	– $C_6D_5CD_3$

untersucht. Die nach der üblichen Auswertung berechneten Geschwindigkeitskonstanten 1. Ordnung der inneren Rotation liegen zwischen etwa 10 und 100 s^{-1}.

Die Übereinstimmung der freien Aktivierungsenthalpien bei der Koaleszenztemperatur mit Literaturangaben von reinem DMFA ist gut. Die Grenzwerte der Aktivierungsfunktionen (reines Carbonsäureamid und unendliche verdünnte Lösung in den Kohlenwasserstoffen) sind in Tab. 3 enthalten.

Die Abnahme der Hinderung der freien Rotation mit zunehmender Konzentration an Kohlenwasserstoff ist deutlich, eine Ordnung der Ergebnisse aber allerdings schwierig.

Die aus der Temperaturabhängigkeit von k_r berechneten Funktionen sind trotz relativ kleiner Standardabweichungen fehlerbehaftet. Deshalb wurde die Auswertung am Beispiel der freien Aktivierungsenthalpie $\Delta G^{\ddagger}$ vorgenommen:

$$\Delta G^{\ddagger}_{\text{eff}} = -RT \ln \frac{k_r \cdot h}{k_B \cdot T}. \tag{30}$$

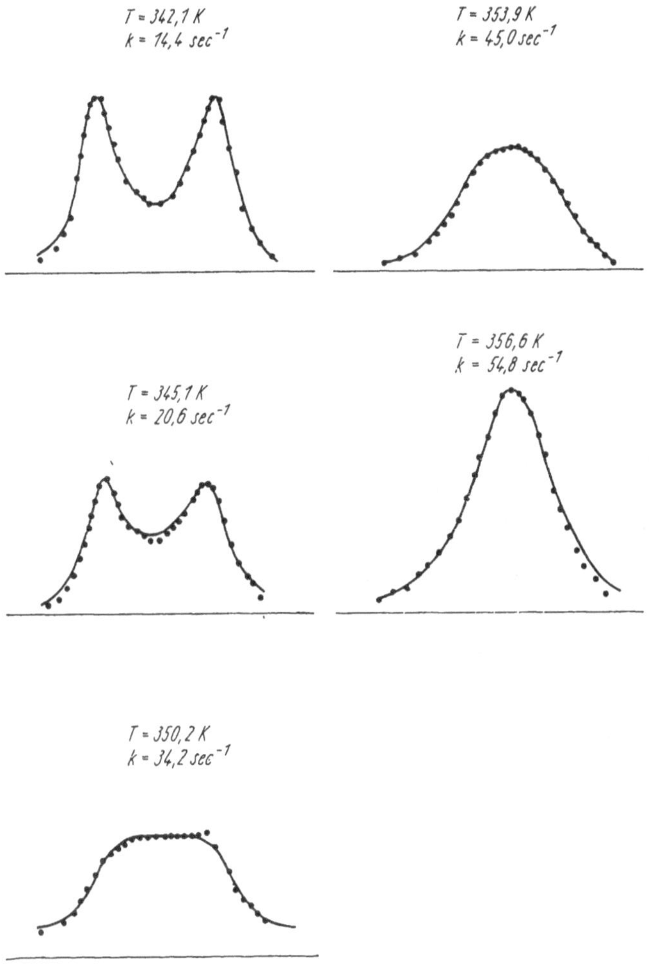

Abb. 3 Linienform des CH_3-Signals im reinen Dimethylacetamid als Funktion der Änderung der Temperatur
········ gemessen ——— berechnet

Bei einer Reaktion 1. Ordnung ist das Zeitgesetz nicht von der Normierung der Konzentration abhängig, kann also mit Molenbrüchen formuliert werden. Auf diesem Weg erhält man aus der Anwendung der Theorie der absoluten Reaktionsgeschwindigkeit

$$k = \frac{k_B T}{\eta} \cdot \frac{f_A}{f_{A\neq}} \exp\left(-\Delta G^{\neq}/RT\right)$$
$$= \frac{k_B T}{\eta} \exp\left[-\frac{1}{RT}\left(\Delta G^{\neq} - RT \ln \frac{f_A}{f_{A\neq}}\right)\right] \tag{31}$$

Tabelle 3

System	$\Delta G^{\ddagger}$		$\Delta H^{\ddagger}$		$T\Delta S^{\ddagger}$	
	kJ/mol^{-1}					
DMFA, x = 1	88,1		90,9		2,8	
$x_{C_6D_5CD_3} = 1$		86,1		82		−3,9
DMAA, x = 1	76,1		113,2		37,1	
$x_{C_6H_6} = 1$		73,5		75		1,5
$x_{nC_7D_{16}} = 1$		69,5		65		−4,5
DEFA, x = 1	85,6		99,4		13,8	
$x_{nC_8D_{18}} = 1$		82,5		85		−2,5
$x_{C_6D_5CD_3} = 1$		84,5		80		4,5

$\Delta G^{\ddagger}$ ist hier eine freie Grundaktivierungsenthalpie, unabhängig von der Konzentration, bezogen auf den reinen Stoff. Sie hängt mit der Größe $\Delta G^{\ddagger}_{\text{eff}}$ über

$$\Delta G^{\ddagger}_{\text{eff}} = \Delta G^{\ddagger} - RT \ln f_A + RT \ln f_{A\ddagger} \tag{32}$$

zusammen. Für das reine Carbonsäureamid gilt

$$\Delta G^{\ddagger}_{\text{eff},o} = \Delta G^{\ddagger} - RT \ln f_{AO} + RT \ln f_{A\ddagger O} \tag{33}$$

wobei $RT \ln f_{AO} = 0$ gemäß der Normierung auf den reinen Stoff ist.

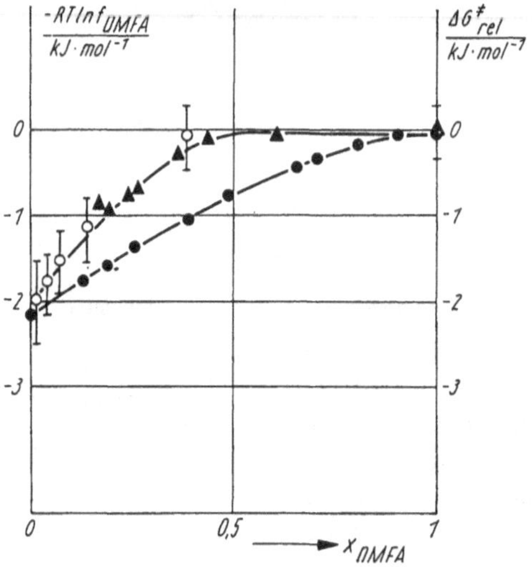

Abb. 4 Konzentrationsabhängigkeit von $\Delta G^{\ddagger}_{\text{rel}}$ in den DMFA-Systemen – Vergleich mit thermodynamischen Daten

▲ $\Delta^{\ddagger}_{\text{rel}}G$ (DMFA–CCl_4) [14]

○ $\Delta G^{\ddagger}_{\text{rel}}$ (DMFA–$C_6N_5CD_3$)

● $-RT \ln f_{\text{DMFA}}$ (DMFA–$C_6H_5CH_3$) [15]

Aus den Gln. (32) und (33) folgt

$$\Delta G^{\ddagger}_{\mathrm{rel}} = \Delta G^{\ddagger}_{\mathrm{eff}} - \Delta G^{\ddagger}_{\mathrm{eff,o}} = RT \ln \frac{f_{A\ddagger}}{f_{A\ddagger o}} - RT \ln f_A. \tag{34}$$

Dabei ist f_A der thermodynamische Aktivitätskoeffizient des Carbonsäureamids im betreffenden Kohlenwasserstoff. Das Verhältnis der Aktivitätskoeffizienten des aktivierten Komplexes gibt die Änderung dessen zwischenmolekularer Wechselwirkung mit der Konzentration an. Im vorliegenden Fall sollte sich diese nicht ändern, d.h.

$$\Delta G^{\ddagger}_{\mathrm{rel}} \sim -RT \ln f_A$$

sein. Die Abbildungen 4 und 5 bestätigen an Hand der gemessenen Systeme dieses Verhalten. Zu berücksichtigen sind dabei

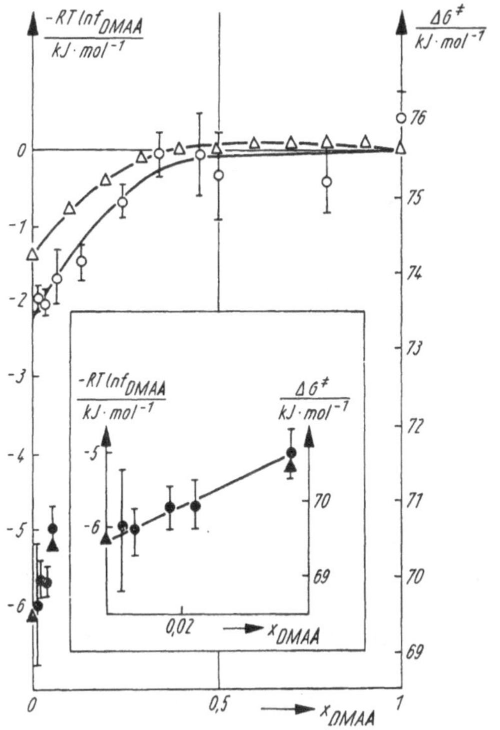

Abb. 5 Konzentrationsabhängigkeit von $\Delta G^{\ddagger}_{\mathrm{rel}}$ und $-\mathrm{RT}\ln f_{\mathrm{DMAA}}$ in DMAA-Systemen:
Δ $-\mathrm{RT}\ln f_{\mathrm{DMAA}}$ (DMAA–C_6H_6) [15] ○ $\Delta G^{\ddagger}_{\mathrm{rel}}$ (DMAA–C_6H_6)
▲ $-\mathrm{RT}\ln f_{\mathrm{DMAA}}$ (DMAA–nC_7H_{16}) [15] ● $\Delta G^{\ddagger}_{\mathrm{rel}}$ (DMAA–nC_7H_{16})

- die Meßgenauigkeiten,
- die Herkunft der thermodynamischen Daten aus unterschiedlichen Meßmethoden,
- eine nicht gegebene Isothermie.

Abbildung 6 zeigt schließlich die relativ gute Übereinstimmung zwischen den Grenzwerten bei unendlicher Verdünnung der Aktivitätskoeffizienten und der relativen freien Aktivierungsenthalpien.

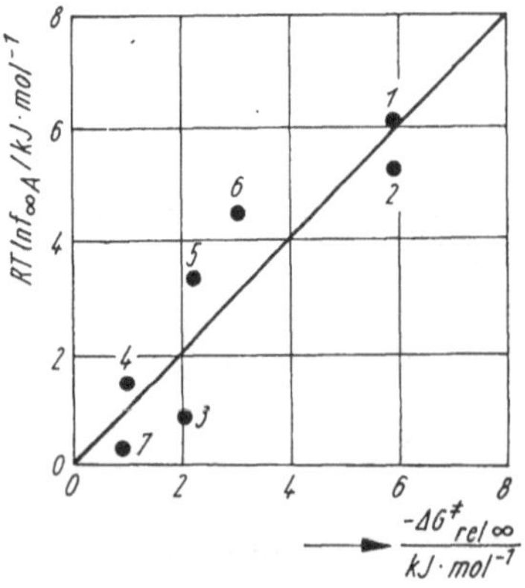

Abb. 6 Vergleich der auf unendliche Verdünnung der Carbonsäureamide extrapolierten $\Delta G^{\neq}_{rel}$-Werte mit über Dampf-Flüssigkeitsgleichgewichtsmessungen gewonnenen Grenzaktivitätskoeffizienten

1 DMAA — nC_7D_{16}
2 DMAA — cC_6H_{12}/23
3 DMAA — C_6H_6
4 DMFA — CCl_4 ($x_1 = 0{,}2$)
5 DMFA — $C_6H_5CD_3$
6 DEFA — nC_8D_{18}
7 DEFA — $C_6H_5CD_3$

3.3. Aktivitäten bei Parallelreaktionen

Das Aktivitätskonzept ist den jeweiligen Bedingungen anzupassen. Bei Parallelreaktionen von Pyridin, Anilin, N-methyl- und N,N-Dimethylanilin (A_i) mit Ethyljodid (A) im Unterschuß in Dimethylformamid (DMFA) wurde das Konzept zur Auswertung der Konzentrationszeitmessungen benutzt. Meßgröße war die Änderung von c_A an Hand der spezifischen Leitfähigkeit des gebildeten Ammoniumsalzes. Die MENSCHUTKIN-Reaktion erfolgt auch mit DMFA, so daß zwei Reaktionen pseudo-erster Ordnung ablaufen

$$A_1 + A \xrightarrow{k_1} RP_1 \qquad (35)$$

$$A_2 + A \xrightarrow{k_2} RP_2$$

Die Konzentration kann über den ganzen Bereich variiert werden, die Geschwindigkeitskonstante der Reaktion von DMFA ist gegenüber Anilin, Mono-N-methyanilin und Pyridin etwa um den Faktor 100, gegenüber Dimethylanilin um den Faktor 5–3,5 kleiner. Die Geschwindigkeitsgleichung für Ethyljodid lautet:

$$-\dot{c}_A = [k_1(c_{1(o)} - \mathfrak{x}_{\mathrm{I}}) + k_2\,(c_{2(o)} - \mathfrak{x}_{\mathrm{II}})]\,c_A \tag{36}$$

$$[k_1 c_{1(o)} + k_2 c_{2(o)}]\,c_A = k'_{\mathrm{exp}}\,c_A.$$

Aus einer Gleichung sind zwei unbekannte Größen nur durch Suchmethoden zu ermitteln. Deshalb sind

$$k'_{\mathrm{exp}} = c_{1(o)}\,k_{1(o)} + c_{2(o)}\,k_2 \tag{37}$$

oder

$$k_{\mathrm{exp}} = k'_{\mathrm{exp}}\,/\Sigma\,c_{i(o)} = x_1 k_1 + x_2 k_2 \tag{38}$$

nicht ohne weiteres für die Ermittlung der Geschwindigkeitskonstanten der Teilreaktionen zu verwenden. Für diese gilt nach der Theorie der absoluten Reaktionsgeschwindigkeit im ganzen Molenbruchbereich

$$k_1 = k_{1(o)} \cdot \frac{f_1^{(2)} f_A^{(2)}}{f_{1\neq}^{(2)}} \tag{39}$$

$$k_2 = k_{2(o)} \frac{f_2^{(1)} f_A^{(A)}}{f_{2\neq}^{(1)}}$$

Für die Aktivitätskoeffizienten gilt in erster Näherung

$$\ln f_1^{(2)} = x_2^2 A_{12} \tag{40}$$

$$\ln f_2^{(1)} = x_1^2 A_{12}$$

wobei A_{12} eine Wechselwirkungskonstante des binären Systems der N-Komponenten (NK) ist,

$$\ln f_A^{(1)} = \mathfrak{y}_2^2\,A_{A1} \tag{41}$$

$$\ln f_A^{(2)} = \mathfrak{y}_1^2\,A_{A2}$$

$$\ln f_{1\neq}^{(2)} = \mathfrak{y}_2^2\,A_{\neq 1} \tag{42}$$

$$\ln f_{2\neq}^{(1)} = \mathfrak{y}_1^2 A_{\neq 2}.$$

Die Ansätze beruhen auf folgenden Überlegungen:

- Wegen der geringen Konzentration des Ethyljodids kann dessen Wechselwirkung mit dem aktivierten Komplex vernachlässigt werden. Deshalb werden die Aktivitätskoeffizienten aus zwei ternären Systemen gewonnen: NK_1, NK_2 A; NK_1, NK_2, $\neq$.

- Für das System NK_1–NK_2 werden die Verhältnisse eines ungestörten binären Systems vorausgesetzt, da c_A und $c_{\ddagger}$ sehr klein sind.
- Die Aktivitätskoeffizienten in den Systemen NK_i mit A oder $\ddagger$ werden längs eines quasibinären Schnittes die relativen Molenbrüche

$$\mathfrak{y}_i = x_i/x_{A,\text{bzw.}\ddagger} + (1 - x_i)$$

erhalten.
Wegen

$$c_{oA}/c_o \sum_{\text{NK}} \approx 5 \cdot 10^{-3}$$

werden

$$x_A \sim 5 \cdot 10^{-2}$$

und

$x_{\ddagger}$ noch wesentlich kleiner. Damit werden $\mathfrak{y}_1$ und $\mathfrak{y}_2$ etwa 1.

Mit den Gl. (40) bis (42) erhält man gemäß Gl. (37) für die Geschwindigkeitskonstanten

$$k_1 = k_{1(o)} \exp [x_2^2 A_{12} + \mathfrak{y}_2^2 (A_{A2} - A_{\ddagger 2})] \tag{43a}$$

$$k_2 = k_{2(o)} \exp [x_1^2 A_{12} + \mathfrak{y}_1^2 (A_{A1} - A_{\ddagger 1}) \tag{43b}$$

Mit

- $(A_{A2} - A_{\ddagger 2})(A_{A1} - A_{\ddagger 1}) = B$ (44)
- $x = 0{,}5$
- $\mathfrak{y}_i \sim 1$
- $A_{12} = A$

wird daraus

$$k^{(\text{exp})} = x_1 k_1 + x_2 k_2 \tag{45}$$

$$= x_1 k_{1(o)} \exp [x_2^2 A + B] + x_2 k_{2(o)} \exp [x_1^2 A + B] \tag{46}$$

$$= 0{,}5 (k_{1(o)} + k_{2(o)}) \exp \left[\frac{A}{4} + B\right] \tag{47}$$

Aus eigenen Messungen von Dampf-Flüssigkeitsgleichgewichten des Systems $C_6H_5NMe_2$-DMFA wurde die Konstante A unter Vernachlässigung unsymmetrischen Verhaltens zu 0,68 (5530 Jmol^{-1} bei 373,15 K) erhalten. Damit konnte aus Gl. (47) $B = 1{,}75$ berechnet werden. Abb. 7 enthält wie mit Gl. (46) und den beiden Konstanten berechnete Kurve im Vergleich zu den experimentellen Punkten. Die Kurven für $x_i k_i$ zeigen, daß Messungen im Grenzbereich ($\Delta x = 0{,}05$) zu falschen Schlüssen über den Einfluß des Lösungsmittels führen können.

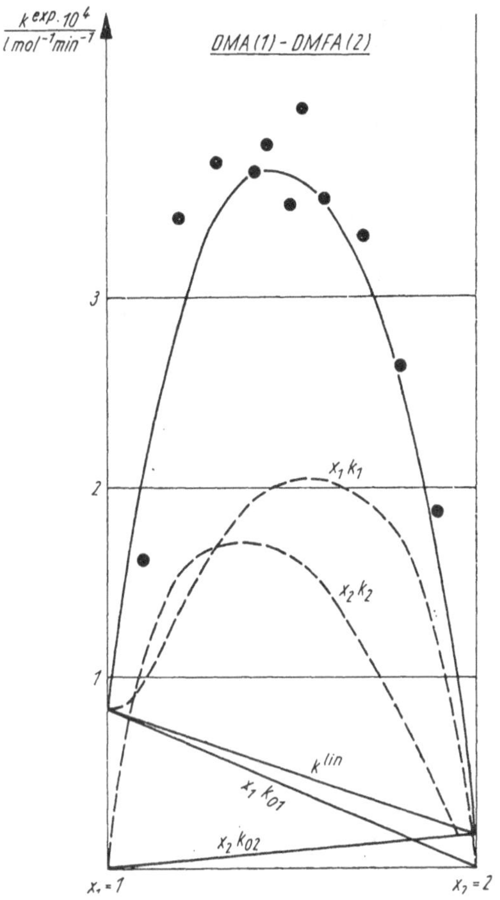

Abb. 7 Reaktionsgeschwindigkeitskonstanten der MENSCHUTKIN-Reaktion von EtJ mit Dimethylanilin (DMA) und Dimethylformamid (30 °C) als Funktion des Molenbruchs.
● $k^{\text{exp}} = x_1k_1 + x_2k_2$ ——— berechnete Kurve ----- x_ik_i

Die Annahmen haben zweifelsohne nur den Wert einer nullten Näherung. Der entscheidende Schritt ist dabei der der Einführung der Aktivitätskoeffizienten. Betrachtet man das Reaktionssystem als 5-Komponentensystem (3 Reaktanten, 2 Übergangszustände), erhält man statt Gl. (46)

$$k^{(\text{exp})} = x_1k_{1(o)} \exp(x_2^2A + x_2B') + x_2k_{2(o)} \exp(x_1^2A + x_1B'). \qquad (48)$$

Die Konstante A ist die gleiche Wechselwirkungskonstante des binären N-Komponentensystems, B' ist etwas anders als B definiert. Da B oder B' aber immer über mehrere Konstanten in Art der Gleichungen 40–42 definiert sind, können sie auch größer als 2 (s. u.) sein. Deshalb führt im behandelten Beispiel die Berücksichtigung der Temperaturabhängigkeit nicht zu anderen Aussagen.

In Abb. 8 sind die Geschwindigkeitskonstanten der Teilreaktionen als $Fu(x)$ dargestellt. $k_i/k_{i(\mathrm{LMO})}$ beträgt bei Dimethylanilin als Reaktant etwa 20, bei Dimethylformamid als Reaktant etwa 85. Die Kurvenform ist wie bei Aktivitätskoeffizienten in Zweistoffsystemen. Eine Auswertung in einfacher Analogie zu Exzeßfunktionen ist nicht möglich. In solchen Fällen wie hier führt ein thermodynamisches Modell zu „Entmischung", d.h. $k^{(\mathrm{exp})}$ kann dann nur mit durchschwingenden Kurven wiedergegeben werden. Eine einzige Konstante würde für das binäre N-Komponentensystem bedeuten, daß – wie in der Thermodynamik von Mehrstoffsystemen – ein Wert von 2 oder etwas darüber die Mischbarkeitsgrenze angibt. Im obigen Beispiel wäre ein Wert von etwa 24 erforderlich. Es liegt also eine Kopplung kinetischen und thermodynamischen

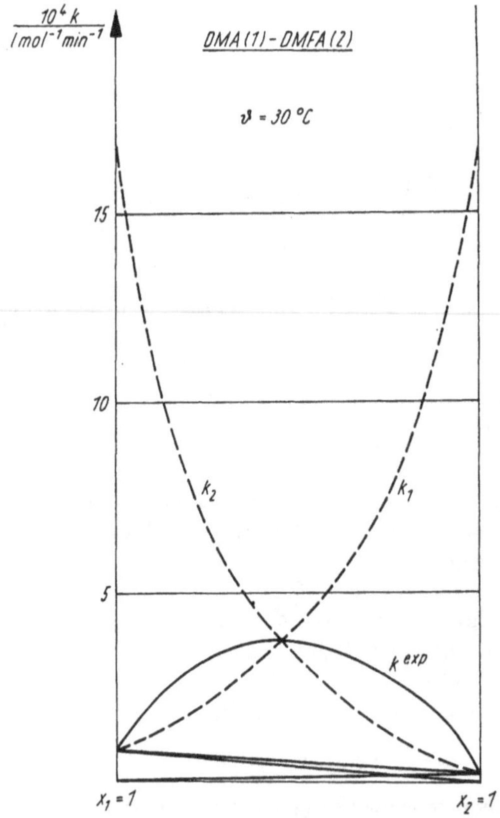

Abb. 8 MENSCHUTKIN-Reaktion von EtJ mit DMA und DMFA (30°C)
------ Geschwindigkeitskonstanten der Einzelschritte
——— gemessene summarische Geschwindigkeitskonstante k^{exp} und Linearkombination

Verhaltens vor. Allerdings sind kinetische Größen, auch die als „quasithermodynamische“ Funktionen bezeichneten, keine Zustandsfunktionen.

Abschließend sei zu diesem Punkt nochmals festgestellt, ohne Benutzung des Aktivitätsbegriffes ist die Auswertung eines solchen Systems nicht möglich. Andererseits aber fordert die exakte Anwendung der Aktivität auch einen erheblichen Meß- und Rechenaufwand.

3.4. *Aktivitäten in gemischten Lösungsmitteln*

Das Beispiel, das im vorhergehenden Abschnitt behandelt worden ist, zeigt:

- Die Geschwindigkeitskonstante in der Mischung muß sich nicht additiv – entsprechend der Zusammensetzung – aus den Geschwindigkeitskonstanten in dem reinen Lösungsmittel ergeben.
- Das reale Verhalten wird offensichtlich
  durch die unterschiedliche Solvatation der Reaktanten durch die Lösungsmittelkomponenten,
  durch die zwischenmolekularen Wechselwirkungen der Lösungsmittelkomponenten und
  durch Differenzen in der Solvatation des Übergangszustandes beeinflußt.

Folgerungen daraus sind unter anderen, daß Vergleiche verschiedener Systeme bei gleichen Molenbrüchen durchaus nicht den einen vergleichbaren Effekt auf die Geschwindigkeitskonstante einer Reaktion haben müssen – was in der Literatur meist nicht beachtet wird – und daß abgeleitete Funktionen wie $\Delta H^{\neq}$ selbst bei neueren und genaueren Messungen keine monotone Abhängigkeit vom Molenbruch besitzen (s. z. B. Abb. 9).

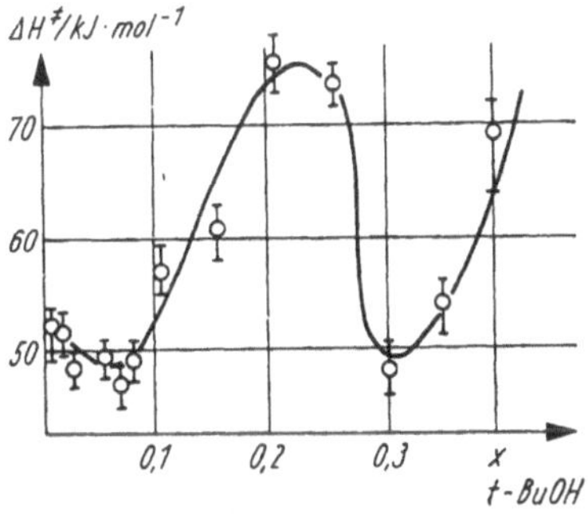

Abb. 9 Aktivierungsenthalpie der Reaktion von $Ni(S_6)^{++}$ + Pyridin-2azo-dimethylanilin in H_2O—t · BuOH als Funktion des Molenbruches des t-Butanols (S = Solvatmolekül); CALDIN [22]

Beziehungen zu thermodynamischen Mischungsfunktionen sind bei Systemen Wasser-Nichtelektrolyt untersucht worden, wobei aber die Variationen in den thermodynamischen Exzeßfunktionen nicht als Auswahlprinzip benutzt wurden.

Dieser Zusammenhang zwischen dem Lösungsmitteleinfluß auf die Reaktionsgeschwindigkeitskonstante und thermodynamischen Exzeßfunktionen, die aus Phasengleichgewichtsmessungen, kalorimetrisch oder pyknometrisch gewonnen wurden, wird an Hand eines der wenigen Beispiele aus der Literatur und an Hand älterer eigener Messungen und Meßergebnissen von Dautzenberg und Philipp [17] behandelt.

Abb. 10 zeigt Ergebnisse der Reaktionen [18]

$$T + \mathrm{Fe\,(CN)_6^{3+}} \xrightarrow{k} \mathrm{P^+} + \mathrm{Fe\,(CN_6)^{4+}} \qquad (49)$$

wobei T der Triplettzustand und P^+ das Radikalmonokation von Zinkuroporphyrin sind.

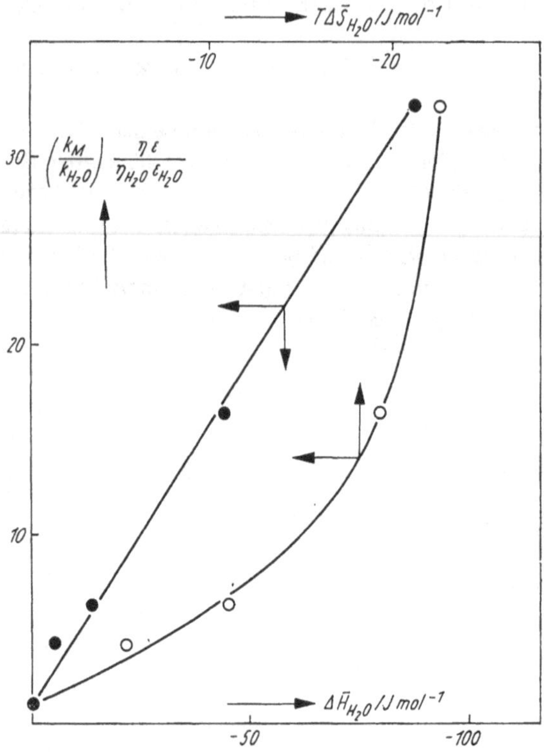

Abb. 10 Relative Reaktionsgeschwindigkeitskonstanten der Reaktion des Triplettzustandes von Zinkuroporphyrin mit Ferricyanidionen im System Wasser-Zucker als Funktion der partiellen molaren Entropie bzw. der partiellen molaren Enthalpie des Wassers

Als Lösungsmittel diente eine wäßrige Zuckerlösung (bis $x_z \sim 0{,}06$); in der alle partiellen molaren Größen des Wassers (μ_{H_2O}, $\Delta \overline{H}_{H_2O}$, $\Delta \overline{S}_{H_2O}$) negativ sind und die Geschwindigkeitskonstante trotz steigender Viskosität – etwa um

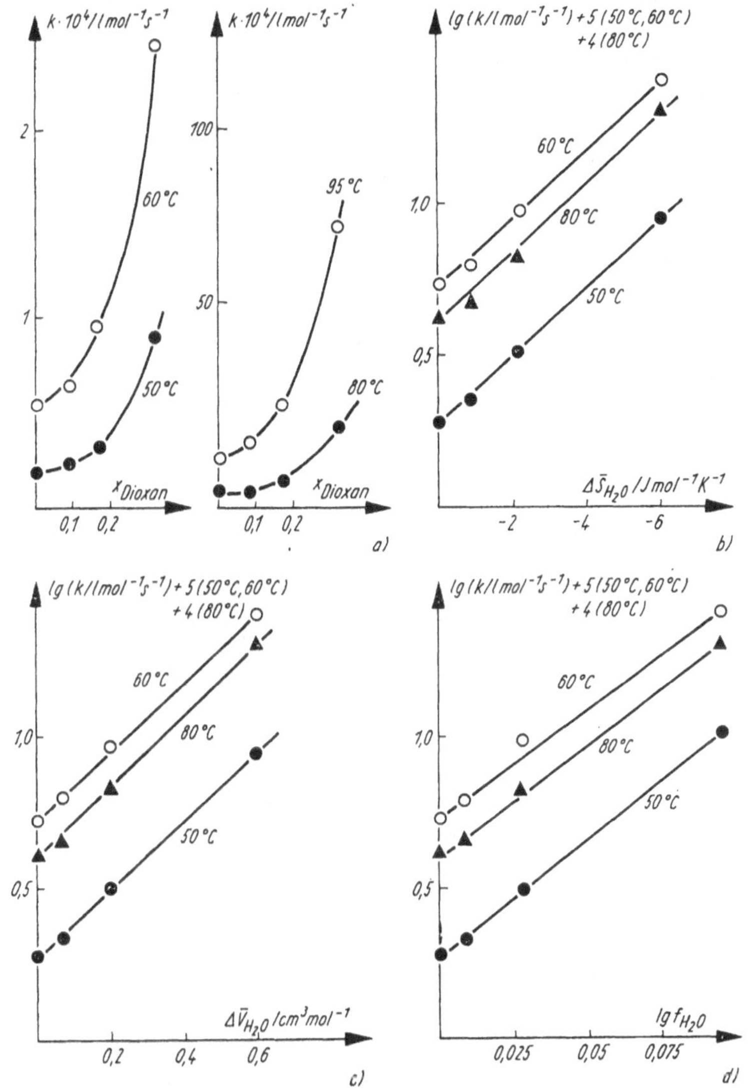

Abb. 11 Alkalische Hydrolyse des Monochloracetations in Dioxan-H_2O
a) Geschwindigkeitskonstanten k als Fu (x_{Dioxan})
b) lg k als Funktion der partiellen molaren Mischungsentropie des Wassers
c) lg k als Funktion des partiellen molaren Mischungsvolumens des Wassers
d) lg k als Funktion des Aktivitätskoeffizienten (als lg) des Wassers

den Faktor 25 – proportional zur partiellen molaren Enthalpie und zur partiellen Entropie der Lösung zunimmt. Als Ordinate ist die relative Geschwindigkeitskonstante bezogen auf reines Wasser multipliziert mit Korrekturfaktoren auf konstante Viskosität und auf konstante Dielektrizitätskonstante (max 0,78) ($\eta_{\text{rel, max}} = 1{,}44$; $\varepsilon_{\text{rel, max}} = 0{,}6$) aufgetragen. In CH_3OH-H_2O, wo G^E positiv ist, ändert sich die Geschwindigkeitskonstante kaum.

In diesem Fall tritt Wasser oder eines seiner über die Dissoziationskonstante verbundenen Ionen gar nicht in der Reaktionsgleichung auf.

Abb. 10 besagt auch nichts über die Art und Weise des Zusammenhanges. In eigenen Arbeiten wurde die alkalische Hydrolyse des Monochloracetations in gemischten Lösungsmitteln Wasser-Nichtelektrolyt untersucht [19].

$$CH_2ClCOO^- + OH^- \rightarrow CH_2(OH)COO^- + Cl^- \tag{50}$$

Die Reaktionsmischungen waren 0,1 n NaOH alkalisch, Parallelreaktionen fanden nicht statt. Abbildung 11 zeigt als Beispiel Ergebnisse im System Dioxan-Wasser. Auch hier besteht ein linearer Zusammenhang

$$\lg (k/k_{(0)}) = a + Fu\,(\overline{X}_{H_2O}) \tag{51}$$

wobei $Fu\,(\overline{X}_{H_2O})$ = das partielle molare Mischungsvolumen $\Delta \overline{V}_{H_2O}$, die partielle molare Mischungsentropie $\Delta \overline{S}_{H_2O}$ oder die partielle molare Gibbs-Energie (als $\lg f_{H_2O}$) sein kann.

In den Abbildungen 12 a) bis f) (das System EtOH–H_2O wurde von [17] entnommen, ebenso Meßpunkte im System MeOH–H_2O und der Punkt $x = 0{,}2$ im

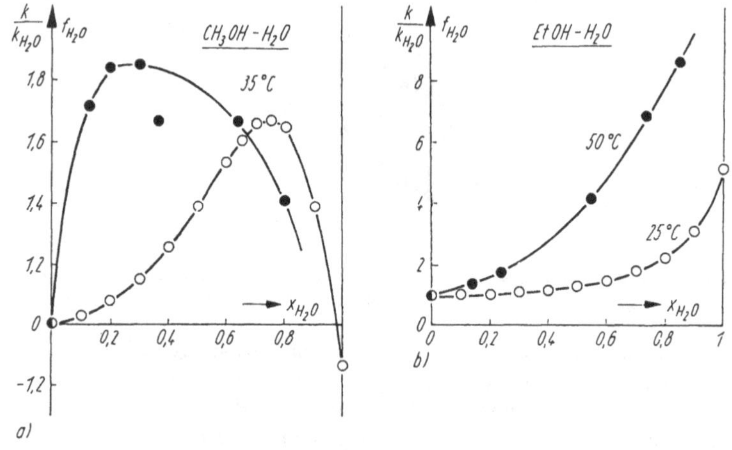

Abb. 12 a und b

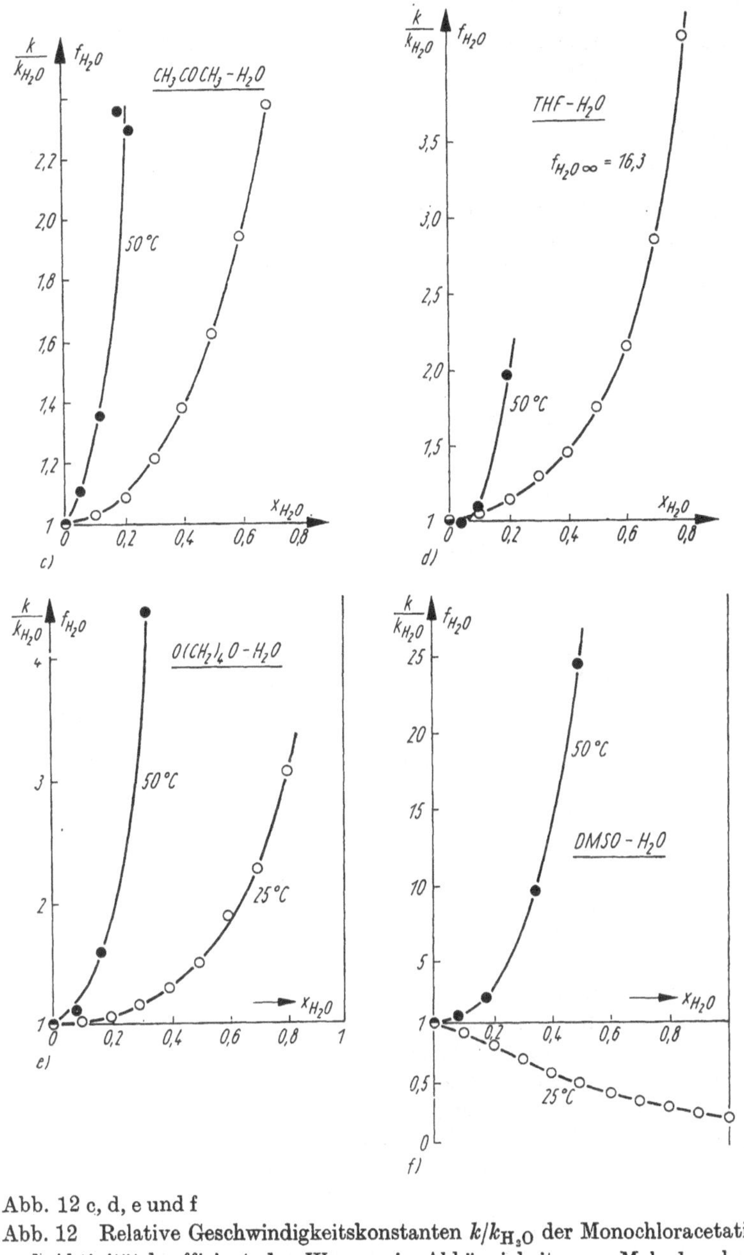

Abb. 12 c, d, e und f

Abb. 12 Relative Geschwindigkeitskonstanten k/k_{H_2O} der Monochloracetation-hydrolyse und Aktivitätskoeffizient des Wassers in Abhängigkeit vom Molenbruch des Nichtelektrolyten

a) CH_3OH-H_2O b) $C_2H_5OH-H_2O$ c) $CH_3COCH_3-H_2O$ d) $(CH_2)_4O-H_2O$ e) $O(CH_2)_4O-H_2O$ f) $(CH_3)_2SO-H_2O$

System DMSO-H_2O) ist die Änderung der relativen Geschwindigkeitskonstanten und des Aktivitätskoeffizienten des Wassers mit dem Molenbruch dargestellt. Nach Gl. (50) gilt

$$k/k_0 = \frac{f_{MCA} f_{OH^-}}{f(\neq)} = k^{exp}/k_{H_2O} \tag{52}$$

Für den Aktivitätskoeffizienten des Hydroxylions folgt aus dem Dissoziationsgleichgewicht mit f_{H^+} oder

$$f_{OH^-} \approx f_{H_2O} \text{const}$$

$$(k/k_0) \approx f_{H_2O}. \tag{53}$$

In Gl. (52) und (53) gelten alle Aktivitätskoeffizienten für das Gemisch Wasser-Nichtelektrolyt entsprechender Zusammensetzung. Auch die Konstante

$$\text{const} = 1{,}7 \cdot 10^{-13}/K_a$$

ist von der Art des zweiten Lösungsmittels abhängig.

Tabelle 4 Thermodynamische Mischungsfunktionen von Systemen Wasser-Nichtelektrolyt ($\vartheta = 25°C$; x = 0,5)

2. Komponente	G^E	H^E J/mol	TS^E	V^E cm³/mol
– DMSO	–1260 a)	–2665 a)	–1405	–0,93 a)
– Tetrahydrofuran	1445 b)	–235 c)	–1680	–0,77 d)
– MeOH	310 e)	–805 f)	–1115	–0,98 g)
– EtOH	750 h)	–405 i)	–1155	–0,5 j)
– MeCOMe	1065 k)	–110 l)	–1175	–1,44 m)
– 1,4 Dioxan	1115 n)	+145 d)	–970	–0,60 d)

a) J. Kentämaa, J. Lindberg, Suomen. Kem., 33 B (1960) 98.
b) H. Arm, Helv. Chim. Acta (Basel) **53** (1970) 465.
c) H. Nakayama, K. Shinoda, J. Chem. Therm. (1971), **3**, 401.
d) K. W. Morcom, R. W. Smith, Trans. Farad. Soc. **66** (1970).
e) M. L. McGlashan, A. G. Williamson, J. Chem. Eng. Data **21** (1976) 196.
f) S. Murakami, R. Tanaka, R. Jujishiro, J. of Solution Chem. **3** (1974), 71.
g) S. Z. Mikhail, W. R. Kimel, J. chem. Eng. Data, **6** (1961) 533.
h) nach F. Franks, Physisochemical Process in Mixed Solvents, London 1967, S. 57.
i) J. A. Boyne, J. Chem. Eng. Data, **12**, July (1967), 318.
j) E. F. Osborne, E. M. McKelvyd, H. W. Bearce, J. Res. **9** (1910), 327.
k) W. G. Beare, G. A. Vicas, J. B. Ferguisson, J. Phys. Chem. **34** (1930) 1310.
l) K. Quitzsch, Z. physik. Chem. **233** (1966) 321.
m) F. Mato, J. L. Hernandez, An. Real Soc. Espan. Fis. Quim., Ser. B, **65**, (1969) 9.
n) J. R. Goates, R. J. Sullivan, J. Phys. Chem. **62** (1958), 188.

Die Abbildungen zeigen im Fall der positiven Abweichungen der Lösungsmittelsysteme vom RAOULTschen Gesetz eine brauchbare Erfüllung von Gl. (53) die z. T. bei Berücksichtigung gleicher Temperaturen noch besser wird. Im System MeOH–H_2O ist in Übereinstimmung mit [17] und dem vorhergehenden Beispiel der Einfluß gering, aber hier wird die Parallelität beider Größen durch die Änderung der Neigung besonders deutlich. Beim System DMSO-Wasser ändern sich k_{rel} und f_{H_2O} umgekehrt proportional. Ein ähnlicher, wenn auch umgekehrt wirkender Effekt ($f_{H_2O} > 1$, $k/k_{H_2O} < 1$) scheint auch im System N · Methylcaprolactam-Wasser aufzutreten. Es könnte also auch eine andere Exzeßfunktion sein, die als Widerspiegelung der zwischenmolekularen Wechselwirkungen eine strengere Proportionalität zu k_{rel} liefert. Tab. 4 enthält je vier Exzeßfunktionen (GIBBS-Energie, Enthalpie, Entropie als TS, Volumen) der untersuchten Systeme beim Molenbruch 0,5. Ein Vergleich mit k_{rel} beim gleichen Molenbruch zeigt für G^E eine gewisse Korrelation, in die aber DMSO nur dem Wert, nicht dem Vorzeichen nach paßt.

4. Aktivitäten und Reaktionsablauf

In den letzten Jahren gibt es eine Reihe neuer Aspekte in bezug auf die Kinetik in flüssigen Phasen. Dazu gehören erstens:

die Messung der Bildungsgeschwindigkeit und der Lebensdauer von Molekül- oder Ionenassoziaten, von Solvaten, Ligandenkomplexen, Mizellen und Begegnungskomplexen, vor allem mit Strömungs-, Puls- und Relaxationsmethoden;

zweitens:
die Untersuchungen zur Bewegung von Teilchen in der flüssigen Phase, die über eine kurze Reichweite und damit in einer sehr kurzen Zeit ablaufen;

drittens:
Erklärungen diffusionskontrollierter oder nahe der Diffusionskontrolle liegender Reaktionen, besonders auch in Abhängigkeit von der Viskosität der flüssigen Phase [12];

viertens:
Untersuchungen zum Einfluß des realen Ablaufes der elementaren Vorgänge auf Reaktivität und Selektivität der Bruttoreaktionen [20].

Es handelt sich in jedem Fall um zugrundeliegende Vorgänge, die von der zwischenmolekularen Wechselwirkung beeinflußt oder überhaupt erst durch diese möglich werden. Diese Beziehungen müssen erkannt und verstanden werden, wenn der reale Verlauf einer chemischen Reaktion beherrscht werden soll. Offensichtlich ist der erste Schritt die makroskopische Mischung der Reaktanten. Die Geschwindigkeit dieses Schrittes kann schon, wenn sie langsamer als die der dann folgenden Schritte ist, die letzteren *maskieren.*

Der zweite Schritt ist die molekulare Durchmischung, die Bildung von Begegnungskomplexen. Er findet offensichtlich in größeren Molekülaggregaten – 10^{12} – 10^{15} Moleküle – statt, wobei die weitere molekulare Durchmischung ausschließlich über Diffusion abläuft. Rys [20] berechnet die Relaxationszeit dieses Diffusionsvorganges zu etwa 10^{-2} – 1 s. Das stimmt größenordnungsmäßig mit der auch bisher angenommenen Grenze des Einflusses der Mischzeit überein.

Die genaue Berechnung wird aber aus zwei Gründen schwierig:

a) beim Zerfall solcher Molekülaggregate entstehen neue und ähnliche. Es gibt eine Wahrscheinlichkeit dafür, daß dadurch der Diffusionsprozeß gestört wird, Ein Bild ähnlich dem der „flickering clusters" beim Wasser!

b) Benson [21] berechnet die Lebensdauer von Stößen τ_{AB} in flüssiger Phase nach

$$\tau_{AB} = \frac{r_{AB}^2}{3D_{AB}} \exp(-w_{AB}/kT) \qquad (54)$$

gültig für einen Zweierstoß verschiedenartiger Moleküle (r = Abstand, D = Diffusionskoeffizient, w = Wechselwirkungsenergie). Daraus folgen mit

$-w_{AB} \sim 0$	$\tau_{AB} \sim 10^{-11}$ s	Stoß
$-w_{AB} \sim 10\,kT$	$\sim 2 \cdot 10^{-7}$ s	„sticky collision"
$-w_{AB} \sim 25\,kT$	$\sim 0{,}7$ s	Assoziation, makroskopisch.

Die Verhältnisse sind bei der Bildung von größeren Molekülaggregaten ähnlich. Das zwischenmolekulare Potential schafft hier die Voraussetzungen für andere Reaktionsverhältnisse (Energietransfer, Käfigeffekt usw.) als sie dem klassischen Bild der Stöße und der Aktivierung entsprechen.

Größe und Lebensdauer der entstehenden Fluktuate, Cluster oder Käfige oder der „intermolekularen Adsorption" sind im Detail nicht angebbar, beeinflussen aber den nun erforderlichen dritten Schritt, nämlich die Bindungsöffnung und -bildung.

Hier liegt auch die Lücke in der Theorie für die absolute Berechnung der Reaktionsgeschwindigkeit in konzentrierten fluiden Systemen. Das entscheidende Glied zwischen statistischer Mechanik und Quantenchemie ist die Art und Größe des in der flüssigen Phase gebildeten Clusters oder Begegnungskomplexes, die theoretisch nicht abgeleitet werden können.

Sicher gibt es auch Reaktionen in fluiden Phasen, die makroskopisch und mikroskopisch in den gleichen Elementarschritten verlaufen. Meistens wird es aber vorgelagerte reversible Prozesse geben, die sowohl geschwindigkeitsbestimmend als auch langsamer als die makroskopisch wirksamen Folgeschritte sein können.

Tabelle 5 enthält Geschwindigkeitskonstanten und Aktivierungsfunktionen der Reaktionen verschiedener Amine mit CCl_4 in MeOH und DMFA. Der Reaktionsmechanismus ist nicht geklärt. Als Modell wurde zunächst

$$\text{Amin} + CCl_4 \underset{k_{-1}}{\overset{k_1}{\rightleftharpoons}} \text{Amin} \cdot CCl_4 \xrightarrow{k_2} \text{Folgeprodukte} \quad (55)$$

angenommen. In Tab. 5 ist

$$k' = k_1 k_2 / k_{-1} \quad (56)$$

dargestellt. Der Lösungsmittelaktivitätskoeffizient aus k_{rel}, bezogen auf MeOH, besagt nur, daß der wahre Verlauf zwischen einem Mechanismus mit Cl^--Ionenbildung und einem Mechanismus von neutralen Molekülen liegen sollte. Für k_{rel} erhält man mit der Annahme, daß in beiden Lösungsmitteln Gl. (3) gilt

$$k_{rel} = k_{DMFA}/k_{MeOH} = s_{Amin}\, s_{CCl_4}\, (s(\ddagger))^{-1} \quad (57)$$

wobei s die Selektivität der entsprechenden Komponente in DMFA und MeOH ist

$$s_i = f_{i(\infty)}^{DMFA} / f_{i(\infty)}^{MeOH}. \quad (58)$$

Berechnet man über

$$G^E\,(x = 0{,}5) = 0{,}25\, RT \ln f_\infty$$

die Grenzaktivitätskoeffizienten aus zugängigen oder geschätzten Exzeß-GIBBS-Energien G^E beim Molenbruch 0,5, erhält man für s ($\ddagger$) etwa 0,04, d.h. daß der Übergangszustand im DMFA eine wesentlich stärkere Wechselwirkung ausübt als in MeOH. Das deutet auf eine starke Polarisation.

Tabelle 5 $\text{Amin} + CCl_4 \underset{k_{-1}}{\overset{k_1}{\rightleftharpoons}} \text{Amin} \cdot CCl_4 \xrightarrow{k_2} \text{Produkte}$ $k' = k_1 k_2/k_{-1}$

Amin	$k'/10^6$ dm³mol⁻¹s⁻¹ (MeOH)		k'_{DMFA}/k_{MeOH}		$\Delta H^{\ddagger}$/kJ (mol Fu)$^{-1}$	
	20°C	60°C	20°C	60°C	MeOH	DMFA
$C_6H_5 \cdot NH \cdot C_6H_5$	1,1	21	2,55	2,81	57	64
$C_6H_5 \cdot NH \cdot CH_3$	2,4	54,5	1,92	2,95	64	73
$C_6H_5 \cdot N \cdot (CH_3)_2$	3,6	63	1,78	2,48	57	64
$N(CH_2)_4O$	2,8	55,5	1,75	2,74	58	70
$C_6H_5 \cdot CH_2 \cdot NH_2$	1,5	51,5	1,73	2,80	70	82
$C_6H_5NH_2$	2,5	48,5	1,53	2,43	67	81
$C_6H_{11} \cdot NH_2$	3,6	55	1,33	2,55	54	67
$(C_2H_5)_3N$	4,4	80	1,23	1,93	55	70
$(C_2H_5)_2NH$	3,9	80	1,18	1,83	57	70

In Tab. 6 sind Ergebnisse der Systeme Amin–CCl_4, gemessen mit Ultraschallabsorption und lösungsmittelfrei, enthalten. Das Verhältnis der Geschwindigkeitskonstanten zu Gl. (56) ist 10^{12}.

Tabelle 6 $CCl_4 + \text{Amin} \underset{k_{-1}}{\overset{k_1}{\rightleftharpoons}} \text{Amin} \cdot CCl_4$

Amin	$10^{-6}\,k_1$	$10^{-6}\,k_{-1}$	$10^6\,k_2$	$\Delta H_1^{\neq}$	$\Delta^R H$
	$dm^3\,mol^{-1}\,s^{-1}$	s^{-1}		kJ/mol FU	
$C_6H_5 \cdot NH \cdot CH_3$	4,0	6,0	3,6	11,7	−10
$C_6H_5 \cdot N(CH_3)_2$	5,6	8,0	5,1	13,4	− 9
$N(CH_2)_4O$	6,2	15,0	6,8	7,1	− 5,5
$C_6H_5 \cdot CH_2 \cdot NH_2$	7,6	20,0	4,0	7,9	− 6
$C_6H_5NH_2$	4,7	8,0	2,6	7,1	−13,5
$C_6H_{11}NH_2$	5,6	14,0	9,0	7,9	− 5,5
$(C_2H_5)_3N$	5,1	13,0	11,2	5,9	− 6
$(C_2H_5)_2NH$	7,5	21,0	10,9	4,6	−11

Das erklärt auch, daß die Gleichgewichtsmessung abgeschlossem sein kann, ehe sich die Reaktion bemerkbar macht. Die vorgelagerten reversiblen Schritte können aus einer EDA-Wechselwirkung resultieren. Tab. 7 zeigt einen Vergleich der kinetisch mit Ultraschallabsorption bestimmten Gleichgewichtskonstante der EDA-Komplexbildung und die aus der Exzeß-Gibbs-Energie berechneten der Systeme von Di- und Triethylamin mit Tetrachlormethan. Ein Faktor 3–5 ist in Anbetracht der Ungenauigkeiten der Meßmethode und des Modells akzeptabel.

Tabelle 7 $\text{Amin} + CCl_4 \underset{k_{-1}}{\overset{k_1}{\rightleftharpoons}} [\text{Amin} \cdot CCl_4]$

Amin	K_x aus U.S.Abs.	K_x aus $G_{\text{spec.}}$
Et_2NH	3,7	1,25
Et_3N	3,3	0,6

Die Ergebnisse zeigen, daß der Ablauf dieser oder analoger Reaktionen und deren Lenkbarkeit (Reaktivität, Selektivität) unmittelbar von den zwischenmolekularen Wechselwirkungen über Assoziation der Reaktanten, Solvatation von Reaktanten und aktivierten Komplexen, Struktur der fluiden Phase, Viskosität und Diffusion beeinflußt wird. Diese zwischenmolekularen Wechselwirkungen sind identisch mit den im Gleichgewichtszustand vorliegenden. In diesem Sinn – und wahrscheinlich nur in diesem – besteht eine direkte Kopplung thermodynamischer und kinetischer Funktionen.

5. Schlußbemerkungen

1. In konzentrierten fluiden Systemen werden die Geschwindigkeit chemischer Reaktionen und die daraus ableitbaren Funktionen von den zwischen molekularen Wechselwirkungen beeinflußt.

2. Es liegt damit der gleiche Einfluß vor, der Größe und Vorzeichen von unter Gleichgewichtsbedingungen benutzten Aktivitätskoeffizienten bestimmt. Diese können bereits zur Auswertung der Geschwindigkeitsgleichungen benutzt werden.

3. Im Unterschied zu den auf unendlich verdünnte Lösung normierten Lösungs mittelaktivitätskoeffizienten [6] sind in konzentrierten Mischungen die auf die Aktivität 1 des reinen Stoffes normierten Aktivitätskoeffizienten zu verwenden.

4. Damit ist eine einheitliche Darstellung und Behandlung verschiedener Einflußeffekte möglich. Schwierigkeiten bestehen allerdings durch die fehlende Verfügbarkeit der benötigten Meßgrößen, z.T. auch durch den thermodynamischen und kinetischen Messungen, wenn keine Relaxation auftritt.

5. Zwischenmolekulare Wechselwirkungen werden im allgemeinen – jedenfalls in konzentrierten fluiden Phasen – im Gleichgewicht oder in Gleichgewichtsnähe gemessen. Die gleichen zwischenmolekularen Wechselwirkungen beeinflussen kinetische Größen. Dadurch sind auch auf diesem Weg Korrelationen zwischen beiden möglich.

6. Kinetisch definierte Größen und Funktionen können so mit thermodynamischen Funktionen zusammenhängen, sie sind aber nicht miteinander identisch oder gegeneinander austauschbar.

Für tatkräftige Mitarbeit und kritische Diskussionen danke ich besonders Dr. E. Kietz, Dr. G. Feix und Doz. Dr. G. Just.

Literatur

[1] MENSCHUTKIN, N.: Z. Phys. Chem. **1** (1887) 611; **5** (1890) 589; **6** (1890) 41, **34** (1900) 157.

[2] REICHARDT, CHR : a) Lösungsmitteleffekte in der organischen Chemie, Verlag Chemie Weinheim 1969
b) Solvent Effects in Organic Chemistry, Verlag Chemie Weinheim, New York 1979.

[3] FROST, A. A., R. G. PEARSON: Kinetik und Mechanismen homogener chemischer Reaktionen, Verlag Chemie Weinheim 1964.

[4] HUGHES, E. D., C. K. INGOLD: J. Chem. Soc. 1935, 244; Trans. Farad. Soc. **37** (1941) 603, 657.

[5] BRÖNSTED, J. N.: Z. physik. Chem. **102** (1928) 169; **115** (1925) 337.

[6] PARKER, A. J.: Adv. Phys. Org. Chem. **5** (1967) 173; Chem. Rev. **69** (1969) 1.

[7] TORIUMI, T., J. SAKAI, T. KAWAKAMI, D. OSAWA, M. AZUMA: J. Soc. Chem. Ind. Japan **49** (1946) 1.

[8] Manual of Symbols and Terminology for Physicochemical Quantities and Units, Hrsg. D. H. Whiffen, Pergamon Press Oxford, New York, Toronto, Sidney, Paris und Frankfurt 1979.

[9] AMDUR, J., G. G. HAMMES: Chemical Kinetics, Mc Graw Hill Comp. New York u. a. 1966.

[10] Symbolism and Terminology in Chemical Kinetics, prepared by K. J. LAIDLER, 1978.

[11] GRIEGER, R. A., C. A. ECKERT: Trans. Farad. Soc. (1970) 2579.

[12] KORN, J.: Dissertation Technische Hochschchule „Carl Schorlemmer" Leuna-Merseburg, 1969.

[13] GUMPERT, H. J., H. KÖHLER, W. SCHILLE, H. J. BITTRICH: Wiss. Zeitschr. TH Chemie „Carl Schorlemmer" Leuna-Merseburg, **15** (1973) 179.

[14] RABINOVITZ, M., A. PINES: J. Amer. Chem. Soc. **91** (1969) 1585.

[15] BITTRICH, H. J., D. LEMPE, K. MÖRKE, , S. MÜLLER: Chem. Techn. **28** (1976) 598.

[16] KIETZ, E.: Dissertation Technische Hochschule „Carl Schorlemmer" Leuna-Merseburg, 1978.

[17] DAUTZENBERG, H., B. PHILIPP: Z. physik. Chem., Leipzig **260** (1979) 289.

[18] CARAPELLUCCI, P. A.: J. Amer. Chem. Soc. **97** (1975) 1278.

[19] NEUHEISER, L.: Diss. TH Chemie „Carl Schorlemmer" Leuna-Merseburg 1968.

[20] RYS, P.: Angew. Chem. **89** (1977) 847.

[21] BENSON, S. W : The Foundations of Chemical Kinetics, McGraw-Hill Book Comp. Inc. New York, Toronto London 1960.

[22] CALDIN, E. F., P. GODFREY, P.: J. Chem. Soc. Farad. Trans. I 1974, 2260.

[23] DRAKENBERG, T., K. J. DAHLQUIST, S. FORSEN: J. Phys. Chem. **76** (1972) 2178.

FSC
www.fsc.org
MIX
Papier | Fördert gute Waldnutzung
FSC® C083411

Kolibri 360 GmbH
Ferdinand-Jühlke-Straße 7
99095 Erfurt, Deutschland
produktsicherheit@kolibri360.de